我 的 第 一 本

石头 知识 大全

卞跃跃 尹超 编著

北方联合出版传媒（集团）股份有限公司
辽宁少年儿童出版社
沈 阳

© 卞跃跃 尹 超 2020

图书在版编目(CIP)数据

我的第一本石头知识大全 / 卞跃跃，尹超编著. -- 沈
阳：辽宁少年儿童出版社, 2020.5（2024.4重印）
（万有童书）
ISBN 978-7-5315-7093-6

Ⅰ.①我… Ⅱ.①卞… ②尹… Ⅲ.①岩石—儿童读物 Ⅳ.
①P583-49

中国版本图书馆CIP数据核字（2019）第250135号

出版发行：北方联合出版传媒（集团）股份有限公司
辽宁少年儿童出版社
出版人：胡运江
地址：沈阳市和平区十一纬路25号　邮编：110003
发行部电话：024-23284265 23284261　总编室电话：024-23284269
E-mail:lnsecbs@163.com
http://www.lnse.com
承印厂：辽宁新华印务有限公司

责任编辑：孟 萍	责任校对：李 爽
封面设计：姚 峰	版式设计：姚 峰
责任印制：孙大鹏	

幅面尺寸：210mm×218mm
印　张：8　　　　字数：135千字
出版时间：2020年5月第1版
印刷时间：2024年4月第5次印刷
标准书号：ISBN 978-7-5315-7093-6
定　价：32.00元

前　言

　　咦，灰秃秃的石头有什么看头？哈哈，你也许想不到，其实大自然里有许多千奇百怪的石头。从闪亮的钻石，到翠绿通透的翡翠；从坚硬的花岗岩，到柔软的石墨……原来石头的世界这么多姿多彩，快打开这本《我的第一本石头知识大全》吧，让它带你走进缤纷的石头世界，看看这些石头都长什么样，都有什么作用。精美的图片和贴心的注音，让你在轻松愉快的阅读中学到有趣的知识，增长见识，成为一名石头"小百科"！

目 录

石头是什么？

石头，有的巨大如房子，有的很小，要用放大镜才能看清楚，大小不同，形态各异。石头是人们对自然界中块状岩石的通俗叫法，其中漂亮、耐久又稀少的可以称作"宝石"。当然除了各种成分多样的岩石，还有一些漂亮的石头，由单一的物质组成，有的还有规则的形状和艳丽的色彩，这就是矿物；另一些石头，由一种或者几种矿物组成，看着普普通通，却有大大的用处；还有一些神奇的石头，由远古时候动物的骨头变成，或者是各种生物留下的印记，这就是化石。小小的石头里可有大大的学问啊！

钻石

zuàn shí

钻石就是金刚石，它的全部元素都是碳，莫氏硬度是10，是天然存在的最坚硬的物质，常被人用来形容纯洁和坚贞的爱情。自然界中的金刚石有各种颜色，无色透明比灰暗无光的要好，还有少数珍贵透明钻石会显示黄色、蓝色、粉色、红色。经过切割打磨，钻石能将射入的光线进行折射、反射，最后呈现出光芒闪耀的"火彩"，1克拉(0.2克)以上的高品质钻石非常难得而珍贵，因此钻石也被誉为"宝石之王"。在十二月生辰石中，钻石是四月的生辰石。

hóng bǎo shí
红宝石

不是所有的红色宝石都可以称作红宝石。红宝石就是指红颜色的刚玉，因为含有铬元素而呈现红色。天然的红宝石颜色鲜红、美艳，可以称得上是"红色宝石之冠"，也被称为"彩色宝石之王"。刚玉的硬度为9，但是由于价格昂贵，在工业上广泛应用的红宝石都是人工合成的小颗粒。缅甸抹谷出产全世界最好的天然红宝石，它们有鲜艳的玫瑰红色，其中红色最好的宝石又被称为"鸽血红"。

红宝石是七月的生辰石。

扫码获取
更多精彩资源

lán bǎo shí
蓝宝石

蓝宝石是除了红宝石之外，其他所有颜色刚玉宝石的通称，所以蓝宝石的颜色可以有蓝、粉、黄、绿、白等多种，甚至在同一颗宝石上可以有多种颜色。蓝宝石因为含有铁和钛等微量元素而呈现不同的蓝色，其中以浓郁明艳的皇家蓝色和矢车菊色最好。最好的蓝宝石是产自克什米尔地区的"矢车菊蓝"。而缅甸是现今出产优质蓝宝石最多的地方。蓝宝石是九月的生辰石。

祖母绿

祖母绿被称为"绿色宝石之王",和钻石、红宝石、蓝宝石并列成为公认的四大名贵宝石之一。祖母绿是一种绿柱石,柔和浓艳的绿色是因为含有铬元素,成为绿色宝石的标杆,形容其他绿色宝石的美一般可以说像祖母绿。祖母绿是很古老的宝石,早在古埃及时代就深受人们喜爱,它拥有许多神奇传说,可是名字却和"祖母"没有关系,它的中文名称来自英文音译。世界上最大的优质祖母绿产地是哥伦比亚。祖母绿是五月的生辰石。

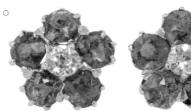

15

海蓝宝石

海蓝宝石经常被认为是蓝色的水晶或是蓝宝石,这都是不对的,其实它和祖母绿相似,同属于绿柱石类。与祖母绿颜色不同,海蓝宝石因为含有铁元素而呈现出淡蓝色、海蓝色或蓝绿色。有一类原产于巴西的海蓝宝石颜色明亮湛蓝,被称为"圣玛利亚蓝色"。海蓝色给人一种广阔宁静的感觉,是治愈心灵的颜色。海蓝宝石是三月的生辰石,也是双鱼座的守护石,航海家曾称之为"福神石",并用它祈求航海安全。

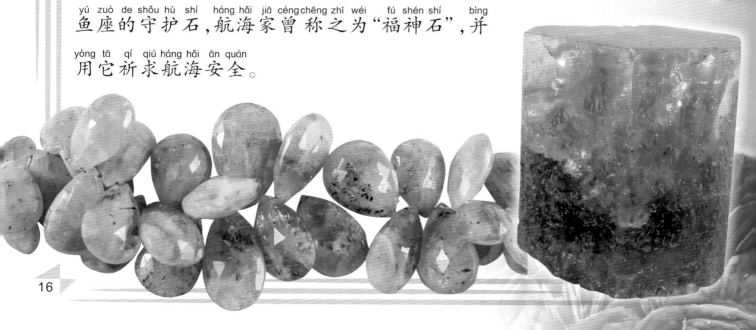

17

碧玺

碧玺是达到宝石级的电气石的通称,因为晶体中含有各种化学元素而呈现出多种颜色。"碧玺"这个中国名字早在清朝就确定下来了,它的英文原意是"混合宝石",主要就是指它的成分复杂、颜色多变。碧玺在透明、纯净的前提下,颜色越浓艳价值越高,其中以高透明度的蔚蓝色和鲜红色最好。另外由于成分变化,同一块碧玺还会出现多种颜色,其中内红外绿的被形象地叫作"西瓜碧玺"。世界上品质最好的碧玺产自巴西,根据产地被命名为"帕拉依巴碧玺"。碧玺是十月的生辰石。

19

石榴石
shí liu shí

石榴石的原意就是像石榴种子一样的石头。晶体形态特征明显呈粒状,常见颜色为红色,与石榴子的形状、颜色都很相似。石榴石是一大类成分复杂的硅酸盐矿物的总称,通常由钙、镁、铁、锰元素和铝、铁、铬、钛、钒、锆元素组合而成,颜色丰富,几乎覆盖了所有你能看到的颜色,其中以橙色和绿色最为稀有宝贵。石榴石早在青铜时代开始就受到世界各地人们的喜爱,其中紫红鲜艳的在中国古代被称为"紫牙乌"。石榴石是一月的生辰石。

yuè guāng shí
月光石

月光石的名字来源于它特有的月光效应。它通常是无色透明或半透明的,内部的两种长石矿物层层交互,让射入的光线产生各种变化,使透明的宝石上闪耀着银色或淡蓝色的浮光,令人联想到月光。月光石拥有神秘而美丽的晕彩,成为长石家族中最有价值的宝石,它最重要的产地是斯里兰卡。月光石是六月的生辰石,它象征着健康、富贵和长寿,被北美印第安人奉为"神圣的石头"。

扫码获取
更多精彩资源

水晶

水晶是最普通、最常见而又最古老的一种宝石，也是世界范围内最广受欢迎的宝石，它是石英的结晶体，主要成分就是二氧化硅。纯净的水晶是无色透明的，当含有铝、铁等元素时会呈现出黄色、褐色、粉色、紫色等。其中"色如葡萄，光莹可爱"的紫水晶是二月的生辰石。水晶在形成的过程中还可能包裹其他矿物，形成发晶、绿幽灵、红兔毛等。

水晶在中国古代又被称为"水玉""水精"。

<ruby>玛<rt>mǎ</rt></ruby> <ruby>瑙<rt>nǎo</rt></ruby>

玛瑙的主要成分和水晶是一样的，都是二氧化硅。其不同在于水晶的晶体形状我们可以看到，而玛瑙的晶体很小，看不出来，所以我们看到的玛瑙一般都是致密光滑的石头。玛瑙在形成的过程中掺杂了其他元素和物质，所以形成了红、绿、黄、褐、黑、白等颜色，除了常见的同心圆和丝带的花纹，还有各种天然形成的图像，给人以各种想象，是非常重要的观赏石。

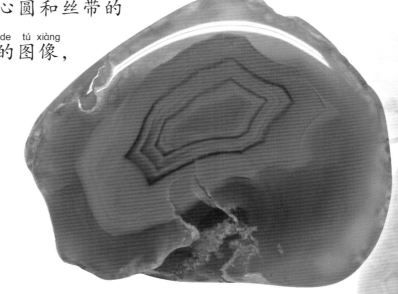

gǎn lǎn shí
橄榄石

　　橄榄石是一种镁与铁的硅酸盐，它是地球中最常见的矿物之一。宝石级的橄榄石呈现不同程度的带有金黄色的绿色，因为很像绿色的橄榄而得名，也被称为"黄昏的祖母绿"。橄榄石大约在3500年前的古埃及就被用作宝石，它象征着和平和幸福，至今还能在耶路撒冷的神庙遗址看到。橄榄石也是唯一在外星陨石中被发现的宝石，这一类陨石中非常罕见的橄榄石还被称作"天宝石"。橄榄石是八月的生辰石。

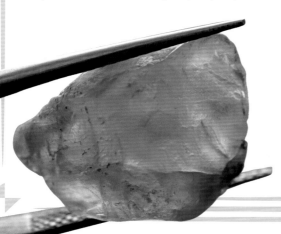

pú tao shí
葡萄石

葡萄石是一种硅酸盐矿物，通常会出现在火成岩的空洞中，有时在钟乳石上也可以见到它们，葡萄石的颜色一般是浅绿的，因为晶莹可爱像葡萄一样而得名。葡萄石透明和半透明的都有。它们的形状非常丰富，质量好的葡萄石经过打磨可作宝石，也被人们称为"好望角祖母绿"。优质的葡萄石还

会产生类似玻璃种翡翠一般的"荧光"，非常美丽，所以也会经常被用作冰种翡翠的替代品。

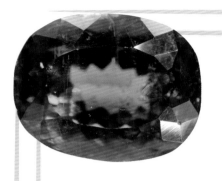

tuō pà shí
托帕石

托帕石就是黄玉，托帕石这个名字来自英文名称音译。托帕石透明度很高，莫氏硬度为8，非常坚硬，反光效应很好，和钻石相似。托帕石颜色丰富，从无色到黄色都很常见，蓝色托帕石可以用放射性钴源照射加深颜色，因为没有添加其他物质，所以虽然处理过但仍属于天然宝石。托帕石中最好的宝石产自巴西，颜色是像雪莉酒一样的色调柔和的橙黄色到黄褐色。托帕石是十一月的生辰石。

扫码获取
更多精彩资源

ōu bó
欧泊

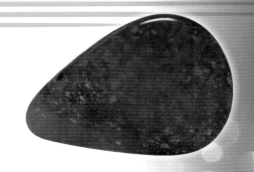

欧泊又称澳宝、蛋白石,主要成分是二氧化硅和水的混合体。欧泊色彩丰富而变幻,拉丁文名字原意是"集宝石之美于一身"。高质量的欧泊更被誉为"宝石的调色板"。欧泊胚体底色相对简单,但上面的欧泊层能够反射、折射光线呈现多种色彩,因为具有特殊的变彩效应,所以在转动的过程中,色彩还会千变万化。古罗马自然科学家普林尼曾对欧泊赞美有加,现在世界上95%的欧泊都出产自澳大利亚。欧泊是十月的生辰石。

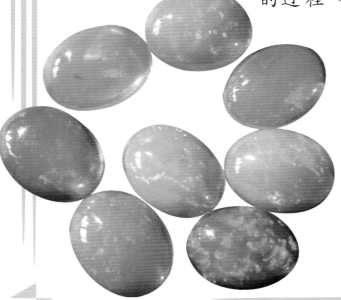

锆石
gào shí

锆石是一种硅酸盐矿物，又被称作锆英石、风信子石。透明的锆石作为宝石，在天然宝石中的折射率仅次于钻石，色散值又很高，曾经是钻石的替代品。锆石是地球上最古老的矿物之一，性质又非常稳定，所以通过锆石确定所在地层和岩石的年龄是比较准确的，科学家研究了澳大利亚杰克山的锆石，发现它至少有44亿年的历史，为确定地球46亿年的年龄提供了重要依据。锆石象征着成功，是十二月的生辰石。

lù sōng shí
绿松石

绿松石又称松石，因"形似松球，色近松绿"而得名。绿松石作为宝石佩戴使用的历史可能有5000年以上，欧洲人称为"土耳其玉"或"突厥玉"。在中国古代，绿松石被称作"碧甸子""青琅秆"等，是中国传统四大名玉之一，在我国西藏地区也深受人们喜爱。在许多西方国家历史上更被认为是通灵的圣物，在很多不太出产绿松石的地区也广受欢迎。绿松石的主要产地为伊朗，产出的优质宝石被称为波斯绿松石，我国湖北十堰也是重要产区。绿松石被列为十二月的生辰石之一。

青金石
qīng jīn shí

青金石在中国古代也被称为金精"青黛",被佛教称为"璧琉璃",属于佛家七宝之一,是古代东西方文化交流的重要见证。青金石颜色深蓝纯正,在中国古代备受皇族喜爱,也经常被用来比喻天空,所以天坛装饰很多也用了青金石,另外清朝官员的朝服顶戴上也有青金石。青金石是我国古代重要的宝石材料,但是中国并不出产,多数都是通过"丝绸之路"从阿富汗进口的。青金石和绿松石、锆石一样是十二月的生辰石。

jīn lǜ bǎo shí
金绿宝石

金绿宝石也被称作"金绿玉""金绿铍"。

好的金绿宝石很透明,颜色为黄色或黄绿色,切割后有漂亮的火彩。金绿宝石中有猫眼效应的叫"猫眼石",有变色效应的叫"变石"。在所有宝石中,能呈现猫眼效应的宝石品种很多,但是只有金绿宝石才能直接称为"猫眼石"。另外一些既有变色效应又有猫眼效应的宝石,叫作"亚历山大猫眼石",是金绿宝石中最稀有珍贵的一种,全球只有斯里兰卡出产。很多人把金绿宝石列为钻石、红宝石、蓝宝石、祖母绿之后的第五大宝石。

43

tǎn sāng shí
坦桑石

坦桑石是一种硅酸盐矿物,是黝帘石中最为宝贵的一类,它的名字来源于它的发现地——非洲国家坦桑尼亚。这种宝石通常情况下是透明或者呈淡淡的紫红或者黄绿色,经过加热处理后就会变成深蓝色,很像蓝宝石,但是区别在于坦桑石还具有多色性,从不同的角度可以看到紫、绿、蓝的三色变化。电影《泰坦尼克号》里著名的项链"海洋之心",就是深邃美丽的坦桑石。

45

尖晶石
jiān jīng shí

尖晶石是一种历史悠久的宝石，在历史上曾经一度被错认为红宝石，的确，红色的尖晶石和红宝石看上去非常相似，也经常与红宝石、蓝宝石共生在一起。尖晶石因为含有铬、铁、锌等元素杂质而呈现红、蓝等颜色。尖晶石是一种氧化物矿物，它的名字可能来自它晶体形态上的尖角。尖晶石颜色美丽，透明度好，硬度也高，往往被用作高档宝石的良好替代材料。

fú róng shí
芙蓉石

芙蓉石是一种透明或半透明的粉色水晶，得名于芙蓉花一般美丽的颜色，又被称为"玫瑰水晶""蔷薇石英"，呈现粉色的原因是其中含有钛元素。芙蓉石经过打磨，也能呈现猫眼或者星光效应，深得人们的喜爱。芙蓉石还是传说中的爱情宝石，能够为爱情中的人带来更多甜蜜。

tiān hé shí
天河石

天河石又称亚马逊石,它的颜色非常特别,是微斜长石的蓝绿色变种,呈现半透明至微透明的蓝绿色。由于天河石独特唯一的双晶结构,使它有一个明显的特征,就是具有绿色和白色格子色斑,而且会闪光。颜色为纯正的蓝色、翠绿色、明亮、透明度好的天河石可以用作宝石佩戴,只是天河石容易碎裂,要避免碰撞。天河石在新石器时期就被人们用来加工成首饰了。

扫码获取
更多精彩资源

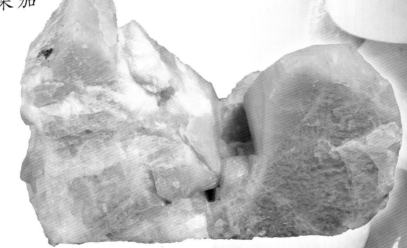

lǐ huī shí
锂辉石

锂辉石是一种铝硅酸盐矿物，是富含锂元素的花岗岩的特征矿物，也是提取锂元素的原料矿物。

锂是密度最小的金属，金属锂的密度比水和油都要小，但是却是十分重要的能源金属，是一种解决人类长期能源供给的重要原料。由它能制造出锂电池，锂的化合物还广泛用于玻璃陶瓷工业、炼铝工业、锂基润滑脂以及空调、医药、有机合成等工业，享有"工业味精"的美名。

翡翠

翡翠也叫翡翠玉，是含有辉石类矿物的硬玉矿物集合体。翡翠得名于中国古代的一种吉祥鸟翡翠鸟。这种鸟的羽毛艳丽。翡是指红色，翠是指绿色。其实翡翠的颜色丰富，除了常见的绿色、红色、黄色，还有被称为"春色"的紫色。翡翠以颜色浓绿、质地细腻、水头温润最好。翡翠的主要产地是缅甸的北部，一直深受我国人民喜爱。翡翠经常被加工成为各种佩饰、挂件和工艺品，其中台北故宫博物院馆藏的清代的翡翠白菜就是非常著名的一件。

hé tián yù
和田玉

和田玉是透闪石和阳起石等矿物的集合体。原本就是指新疆和田地区出产的玉石，后来其他地方出产的软玉也有叫和田玉的。和田玉是中国历史上最为著名的玉石种类了，曾被称为"昆山玉""于阗玉""羊脂玉"，直到清朝才确定了"和田玉"这个名字。和田玉温润细腻，具有特殊的毛毡状结构，因而韧性很强。和田玉的颜色也很多，有白玉、青玉、黄玉、墨玉等，其中羊脂白玉只在新疆出产，是所有和田玉中最稀有珍贵的。

扫码获取
更多精彩资源

kǒng què shí
孔雀石

孔雀石的颜色和它的名字一样，绚丽的绿色如同孔雀羽毛，有些同心圆的结构更是像极了羽毛上的斑点。孔雀石是一种含铜的碳酸盐矿物，绿色主要来自铜元素，虽然不像许多宝石一样闪亮，但是有一种高贵的气质。几千年前，古埃及人就将其尊称为神石。在德国，人们经常佩戴孔雀石作为护身符。在中国古代，孔雀石是一种古老的玉石，也被做成各种首饰。它被称为"石绿"，是矿物颜料中绿色的主要来源，另外因为孔雀石还是铜矿氧化后的产出，所以可以用作寻找原生铜矿的标志。

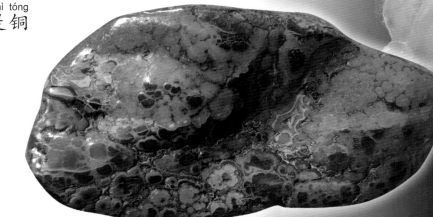

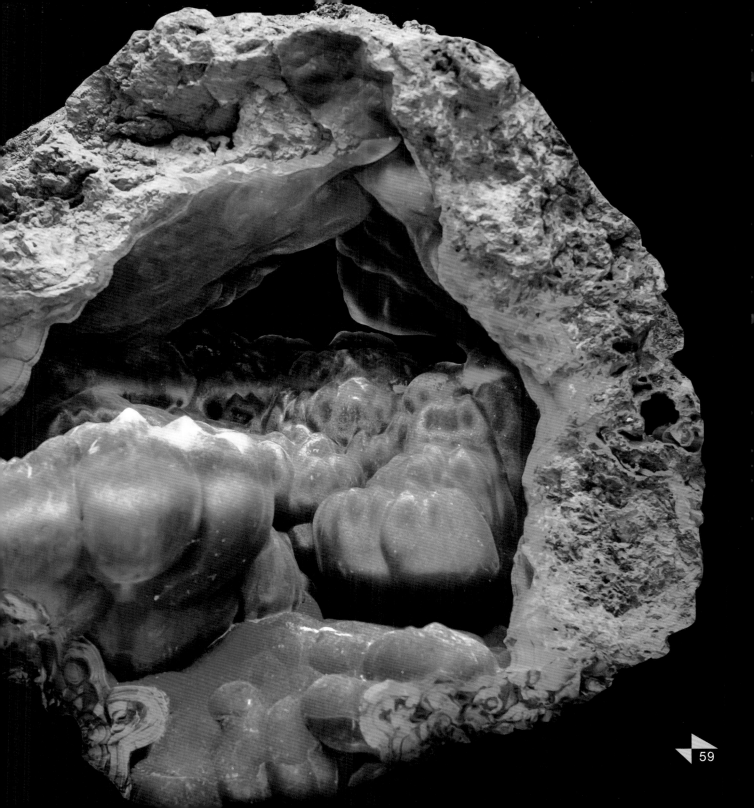

蓝铜矿
lán tóng kuàng

蓝铜矿是一种碱性铜碳酸盐矿物，常与孔雀石一起产于铜矿床的氧化带中，是寻找铜矿的标志。蓝铜矿可作为铜矿石来提炼铜，在中国古代还是重要的矿物颜料石青的来源。藏区特色手工绘画"唐卡"，因为使用的多是矿物颜料，所以

能够保持几百年不褪色不变色。最好的蓝铜矿颜色深蓝沉静，有玻璃光泽，晶体呈现花朵状。我国的广东阳春是驰名世界的蓝铜产地。

铀矿石
yóu kuàng shí

铀矿石具有光泽，色彩绚丽，然而也是具有放射性的危险矿物，被称为"玫瑰杀手"。铀元素在地壳中的平均含量很低，然而它的用处却很大，是核工业中的重要原料。铀矿石主要用途就是提炼铀、镭和其他稀土元素。全世界的铀矿石分布非常不均，澳大利亚是储量最丰富的国家之一，也是世界主要的产铀国家。由于铀矿石对核工业的重要意义，在很多国家都属于战略资源，勘探开采并不完全公开。

jīn kuàng shí
金矿石

金矿石就是指矿山里开采出来的含有金的矿石，一般都含有其他元素。金矿石中可见的金色通常是黄铁矿等其他物质，金子成分在矿石中含量很少。然而有一种金矿石，几乎全部由金元素组成，成为天然的金块，叫作"自然金"，也俗称"狗头金"。这种金矿石不但有很高的经济价值，也有科学价值和艺术价值，是非常珍稀和罕见的。关于狗头金的名字由来，可能是第一块被发现的金块形状像狗头，当然，更有说服力的是我国明代的《天工开物》中的记载，书中形容金块"大者名狗头金，小者名麸麦金、糠金"。中国是目前世界上黄金产量最高的国家，而全世界80%以上的狗头金都产自澳大利亚。

银矿石

yín kuàng shí

银矿石，是矿山里开采出来的含有金属银和其他元素的矿石。主要用于提炼银的矿石有辉银矿等共60多种，其中自然银的主要组成都是银元素，表面的银因为氧化显灰黑色，而不是银白色。自然银很多形状都不规则，有的像树枝，有的成块状，掰断的地方会露出我们熟悉的银白色。银具有最好的金属导电性，因而在工业上应用广泛，是重要的贵金属，作为货币、饰品和器皿的重要来源，伴随了人类文明的发展。

yíng shí
萤石

　　萤石具有漂亮的色彩和鲜明的形态。当萤石中含有少量稀土元素时，会使它具有荧光特性，受到敲击或者摩擦，这些元素会受到激发，产生蓝绿色的荧光反应，另外受到紫外光照射，也可以发出紫色或紫红色的荧光，萤石的名字也由此而来。中国古代所说的夜明珠很多就是指萤石。萤石经常被用作钢铁、玻璃、陶瓷、水泥制造中的助熔剂，能降低熔点，节省能源。

扫码获取
更多精彩资源

wū kuàng shí
钨矿石

白钨矿具有巨大的橙色双锥晶体，它是岩浆与围岩接触后发生变质作用而形成的矿物。它在紫外灯下能发出鲜艳的蓝白荧光，而它给予人类的光明不止于此——它是提炼金属钨的矿物原料。100多年前，爱迪生研制电灯的过程中经历了多次失败，原因就是普通材料在通电之后经常被烧断，最终经过1000多次的实验，他发现了金属钨，利用钨丝极高的熔点制造出人类历史上第一盏白炽灯。

锡石

xī shí shì tí liàn xī zhì zào gè zhǒng xī hé jīn de
锡石是提炼锡、制造各种锡合金的

zhòng yào kuàng shí kuàng wù qí zhǔ yào chéng fèn shì yǎng huà xī
重要矿石矿物，其主要成分是氧化锡。

xī shí zhǔ yào chǎn zài huā gāng yán zhōng yóu yú tā yìng dù gāo
锡石主要产在花岗岩中，由于它硬度高，

kàng huà xué fēng huà lì qiáng suǒ yǐ cháng cháng fù jí chéng shā kuàng
抗化学风化力强，所以常常富集成砂矿，

chēng wéi shā xī zhōng guó yún nán de gè jiù xī kuàng kāi cǎi lì shǐ yōu jiǔ yǒu zhōng
称为砂锡。中国云南的个旧锡矿开采历史悠久，有中

guó xī dū zhī chēng xī shì dà míng dǐng dǐng de wǔ jīn jīn yín tóng
国"锡都"之称。锡是大名鼎鼎的"五金"——金、银、铜、

tiě xī zhī yī zài zhōng guó hé āi jí rén men hěn zǎo fā xiàn bìng shǐ yòng xī zhì
铁、锡之一。在中国和埃及，人们很早发现并使用锡制

zuò shuǐ hú zhú tái děng qì jù zài tóng li jiā rù xī
作水壶、烛台等器具。在铜里加入锡

xíng chéng de hé jīn bèi chēng wéi qīng tóng tā bǐ chún
形成的合金被称为青铜，它比纯

tóng de róng diǎn dī qiáng dù què gèng gāo zài rén
铜的熔点低，强度却更高，在人

lèi fā zhǎn shang yì yì zhòng dà
类发展上意义重大。

铁矿石

铁是世界上发现最早、利用最广、用量最多的一种金属，铁的用量约占世界金属总消耗量的95%。各种各样的铁矿石是人类提炼铁的重要来源。人类进入铁器时代之后生产力得到了极大发展。冶炼之后根据含碳量不同分为生铁和钢，其中钢就是铁中含有少量碳的合金。钢应用更加广泛，成为现代社会的物质基础。常见的铁矿石还包括赤铁矿、磁铁矿、褐铁矿等。

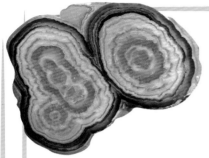

hóng wén shí
红纹石

红纹石是对红色透明或者半透明的宝石级菱锰矿的称呼，经常被用于加工首饰，大型的集合体也是进行雕刻的良好原料。菱锰矿的主要化学成分为碳酸锰，是提取锰元素的主要矿石，用于制造软磁铁、颜料、肥料等。现代锰元素主要用于冶炼锰钢，锰钢比普通钢铁强度更高、耐磨性好，是制造轴承、钻头，甚至钢轨和桥梁等的重要材料。

铝土矿

铝是一种呈银灰色的轻金属。铝土矿是工业上提炼金属铝的主要原料。铝合金密度较小,但是强度很高,又非常耐腐蚀,是重要的建筑装饰材料。铝和铝合金在现代生活中很常见,但是在历史上却是非常贵重的金属。在法国拿破仑时期,金属铝刚被人认识并制造出来的时候,价格甚至超过了黄金。

铝具有优良的化学、物理特性——良好延展性、导电性、导热性、耐热性和耐核辐射性。铝应用广泛,是国家经济发展的重要基础原材料。

shǎn xīn kuàng
闪锌矿

闪锌矿是目前提炼金属锌的最重要矿物。闪锌矿具有菱形十二面体完全解理，经常与方铅矿密切共生。闪锌矿因为颜色变化很大，被称为矿物中的"变色龙"，这种变色与其中含有的铁元素息息相关。当铁元素增多时，它就由无色过渡到浅黄色、棕褐色，直至黑色。当然，由于其他微量元素的存在，闪锌矿还可以呈现红色、绿色等多种颜色。金属锌的主要用途是镀膜，镀在其他金属表面，可以起到很好的防腐蚀作用。

方解石

fāng jiě shí

方解石是自然界最常见的矿物之一，它的主要成分就是碳酸钙。方解石敲击之后可以得到很多方形碎块，所以得名。方解石分布很广，晶体形状多种多样，它们的集合体可以是一簇簇的晶体，也可以是粒状、块状、纤维状、钟乳状、土状等，形态可能有600种以上，是自然界中形态最为丰富的矿物，也是最重要的建筑材料之一。方解石与牙齿、珊瑚和蛋壳的成分相似，和生物的关系密不可分，远古时期的三叶虫最早的眼睛也是由透明的方解石晶体构成的。

铬矿石

铬矿石一般就是指以铬铁矿为主的矿石。铬铁矿是唯一可开采的铬矿石。铬矿石矿物成分比较复杂，主要是铁、镁和铬的氧化物。自然界中含铬矿物约有30种，但具有工业价值的只有铬铁矿。铬矿石主要被用作生产铬铁合金和金属铬。铬质地坚硬，具有耐磨、耐高温、抗腐蚀等特性，经常被掺进钢里制成既硬又耐腐蚀的合金，用在汽车工业等方面。铬铁矿是短缺矿种，储量少，产量低，是国家重要的战略矿产。

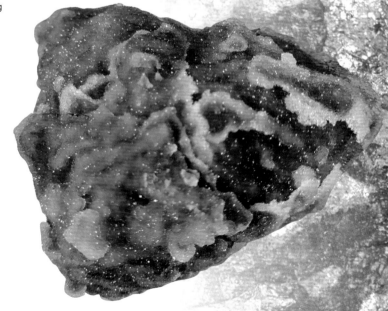

shí mò
石墨

石墨是完全由碳元素构成
shí mò shì wán quán yóu tàn yuán sù gòu chéng

的矿物,在通常情况下呈现铁黑色
de kuàng wù   zài tōng cháng qíng kuàng xià chéng xiàn tiě hēi sè

至钢灰色,是目前已知的最耐高温的材
zhì gāng huī sè   shì mù qián yǐ zhī de zuì nài gāo wēn de cái

料之一。作为和金刚石一样由碳元素组成的石墨,与
liào zhī yī   zuò wéi hé jīn gāng shí yí yàng yóu tàn yuán sù zǔ chéng de shí mò   yǔ

金刚石的物理性质完全不同,石墨的原子排列是层状
jīn gāng shí de wù lǐ xìng zhì wán quán bù tóng   shí mò de yuán zǐ pái liè shì céng zhuàng

结构,层间间距大,化学键弱,这就决定了石墨非常柔
jié gòu   céng jiān jiān jù dà   huà xué jiàn ruò   zhè jiù jué dìng le shí mò fēi cháng róu

软。它是很好的固体润滑剂,在机械轴承上有着重要
ruǎn   tā shì hěn hǎo de gù tǐ rùn huá jì   zài jī xiè zhóu chéng shang yǒu zhe zhòng yào

应用。我们的铅笔实际上并不含铅,笔芯的主要成分
yìng yòng   wǒ men de qiān bǐ shí jì shàng bìng bù hán qiān   bǐ xīn de zhǔ yào chéng fèn

就是石墨和黏土。
jiù shì shí mò hé nián tǔ

金红石

金红石的主要成分是二氧化钛，常作为副矿物产自岩浆岩或变质岩中，是制造白色颜料——钛白的主要矿物。钛白主要用于造纸、橡胶以及涂料等领域。一些宝石中含有金红石，使得价值大幅提升，比如水晶中含有金红石的被称作发晶，有的发晶中甚至出现金红石呈现板状或者片状定向排列，是发晶中珍贵的品种。星光蓝宝石中也多含有金红石。

重晶石
zhòng jīng shí

重晶石是提取硫酸钡的重要矿石。除了医学上的钡餐用以检查胃溃疡等疾病之外，重晶石也用于玻璃生产，可以改善亮度和透明度。重晶石还具有良好的吸收射线的功能，也常作为屏蔽材料。有的板状重晶石晶簇可以形成像玫瑰花一般的色彩和形状，形成重要的观赏矿物。1972年，时任美国总统尼克松访华时赠送给中国的国礼中就有一朵重晶石的玫瑰花。

扫码获取
更多精彩资源

yún mǔ
云母

云母是地球上非常常见的一种造岩矿物，呈现六方形的片状晶形，内部具有层状结构，因此可以用手轻易地撕开，像一张张黏合在一起的塑料纸片，或者海苔脆片。因为云母片具有很强的弹性，有非常高的绝缘、绝热性能，化学稳定性好，所以应用很广。云母分为黑云母、金云母、白云母、锂云母等。工业上的砂金石是云母和石英的混合矿物。应用最多的是白云母和金云母，锂云母还是提炼锂的重要矿物原料。

huā gāng yán
花岗岩

花岗岩，一种表面看上去星星点点的岩石。它外表看上去冰冷，但是它的诞生却充满了火一样的激情——它是炽热的岩浆在地壳深层冷凝形成的。花岗岩坚固，硬度高，抗压程度高，大约每平方厘米3吨，相当于指甲盖大小的面积上承受一头小象的重量。它塑造了很多名山大川和景观，例如陕西的华山、安徽的黄山、厦门鼓浪屿的日光岩，还成为很多建筑雕塑的用石，像人民英雄纪念碑、兰州黄河母亲像。

人民英雄纪念碑

玄武岩

火山喷发，震撼大地，炽热的岩浆翻滚着。岩浆冷凝后就宣告玄武岩的诞生。它的体形差别很大，外表多姿，有可能呈现林立的六方柱，也有

可能拧成麻花状，但最典型的模样还是全身长满孔洞。这些孔洞是岩浆中的大量气泡散逸出去留下的孔洞。有的玄武岩很轻，甚至可以浮在水上，也就是浮石；有的呈现诱人的粉红色，孔洞被方解石等矿物填充，很像一块杏仁枣糕。玄武岩也是重要的铺路建筑用石，还可以作为盆景中的假山装点我们的生活。

石灰岩

"千锤万击出深山，烈火焚烧若等闲。粉身碎骨浑不怕，要留清白在人间。"这是古人对这种岩石的赞美。石灰岩是致密的青灰色山石，把盐酸滴到它上面会冒泡。它是远古大海中形成的水垢（碳酸盐沉积）经过成岩作用形成的，它内部可能埋藏很多远古海洋生物的化石，还可以发育成壮观的溶洞。甲天下的桂林山水有它的身影，鬼斧神工的云南石林中也有它的身影，它是地球留给人类的宝贵财富。

云南石林

piàn má yán
片麻岩

片麻岩,顾名思义,具有片麻状结构的岩石。当仔细看时,会发现它由片状矿物和粒状矿物组成,这两种矿物相间定向排列。它塑造了"五岳之尊"泰山的身躯,它是原岩经过强烈变质作用而形成的。泰山在中国传统文化中具有重要地位,而片麻岩在地质学家眼中则是价值很高的代名词——它的年龄往往很古老,动辄十几亿年至几十亿年,是一部记录地球早期历史的史书。

泰山

蛇绿岩

它不是一种岩石，而是岩石组合体，包括形似枕头的玄武岩、深海沉积物以及组成大洋地壳的岩石。蛇绿岩的出现恰恰印证了一个成语——"沧海桑田"。它是两侧大陆板块拼合，中间的海洋消失后留下的遗迹，就像是缝合被面的那一行针线。蛇绿岩在我国青藏高原、西南地区、秦岭地区、新疆地区广泛分布，它们默默地向地质学家讲述一个个环境剧变的故事。

青藏高原

大理岩

云南有个大理城，大理城外有苍山，苍山上就产有大理岩。大理岩种类和样式很多，有的洁白无瑕如同美玉，有的则带有各种奇特的纹饰。它是重要的建筑石材，在我国乃至世界建筑史上留下了浓墨重彩的一笔。它本身也是记载地球历史的一部史书——当大海中的水垢经过成岩作用形成石灰岩或白云岩，这些岩石受到后期岩浆的烘烤或者地质应力的作用发生变质，就形成了大理岩。

砂岩

砂岩就好似大自然用亿万年精心打造的沙雕。

当一盘散沙被上覆岩层压实，被胶结物胶结后就形成了砂岩。后来经过大自然亿万年的雕刻，很多美丽的自然景观就此诞生。风景秀美的湖南张家界、红似彩霞的广东丹霞山、神奇的甘肃张掖彩虹岩层、让人拍手叫绝的波浪谷，还有神秘莫测的新疆魔鬼城都是大自然在砂岩上的杰作。很多砂岩是由于河流沉积而形成的，这不禁让人有刘禹锡"九曲黄河万里沙，浪淘风簸自天涯"的感慨。

砾岩

石中又有石，这是砾岩的典型特征。在河床中心、山脚下时常堆积着大大小小的砾石，当这些砾石被泥土掩埋，并被胶结物胶结，天长日久就形成了砾岩。砾岩中砾石的大小、磨圆程度、分选程度都给科学家研究古地理、古环境提供了重要信息。它就像带有古文字的竹简，为史前世界打开一条门缝。

页岩

有的岩层厚如墙，也有的薄如纸，并且像书籍一样一页页地堆叠在一起，这就是页岩。它是黏土物质经压实作用、脱水作用、重结晶作用后形成的。很多页岩是暗色的，是有机质富集或者缺氧环境下的产物。页岩中常含有化石，也保留了动物的足迹，甚至远古下雨、下冰雹留下的痕迹都会保留下来。当有机质含量很多，页岩就会十分黝黑，这或许告诉我们周围可能有石油。页岩本身也可能是一个巨大的天然气储气罐，目前对页岩气的开发和应用已经成为地质学家重点研究的课题。

千枚岩

qiān méi yán

表面闪着金光，好似一块丝绸手帕，这是千枚岩留给很多人的印象。作为颜值颇高的岩石之一，千枚岩典型的矿物组合为绢云母、绿泥石和石英，可含少量长石及碳质、铁质等物质。它是变质作用的产物，而颇为有趣的是，一些变质作用就好似川剧变脸，硅质原岩开始变质成板岩，随着变质程度的提高，板岩变成千枚岩，之后千枚岩还会变成片岩和片麻岩。

板岩

屋顶的瓦片、地面的地砖、公园的石板路,甚至乡村学校教室的黑板都有板岩的身影。它是一种变质岩,原岩为泥质、粉质或中性凝灰岩。沿板理方向可以剥成薄片,其颜色随其所含有的杂质不同而变化。我国河北省是板岩的出产大省,其中易县是板岩石材之乡,其产品种类众多,是全国屈指可数的,北京房山出产黄木纹板岩和海水绿板岩,它们是重要的建筑石材,装点着我们的生活。

黑曜岩

hēi yào yán

当熔岩以雷霆万钧之势喷向空中又快速冷凝后,就形成了这种独特的岩石。和其他矿物岩石不同,因为冷凝太迅速,晶体还来不及结晶,因此它就是一块天然玻璃。它黝黑发亮,断口锋利,是原始人制作石器的天然材料。由于它的反射能力强,古人还拿它当镜子。如今它成了生活中的装饰品,佩戴用它制作的手串和项链不仅不失雍容华贵,还有一种古朴自然的美。

燧石

suì shí

原始人不仅会钻木取火，还能打石取火，而打的这种岩石就是燧石，也称为打火石。它是一种硅质岩石，是深海沉积的产物。它可以形成一层致密的沉积岩层，也可以形成一个个小的结核埋藏在石灰岩中。它有刀枪不入的身躯，硬度达到7，高于硬度只有5.5的刀，而且碎裂后的边缘非常锋利，因此它也是古人制作石器的首选材料之一。可以说，我们人类从蛮荒到文明的过程中，燧石的功劳可不小。

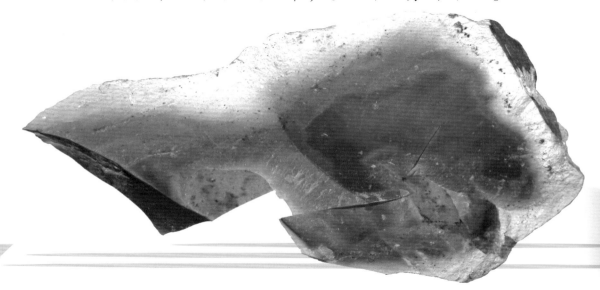

金伯利岩

外表有时呈现橄榄叶的那一抹绿色，内部还可能蕴藏价值连城的钻石，这就是金伯利岩。它的命名地是南非的金伯利，这是世界著名钻石之乡。它是岩浆岩中的稀有品种，它出露的面积还不足岩浆岩出露面积的千分之一。金伯利岩是地幔物质上涌冷凝的产物，岩石中的钻石更是在上千摄氏度的高温和上万个大气压的深处极端环境中孕育的，因此它是人们探索地球深处的一根重要探针。

火山凝灰岩

火山凝灰岩的诞生与火山作用密切相关，但如今已经划归到沉积岩的范畴中。它是灾难的象征，却给今天的古生物学家留下了大量精美的化石。约1.2亿年前的辽西地区，火山喷出的大量物质夹杂着水汽朝池塘奔涌而来，一时间生命的乐园变成了生灵涂炭的坟墓。一亿年的时光过去，当时的火山灰经过成岩作用变成了致密的火山凝灰岩，而在池塘中的鱼类则永远沉睡在这里。

太湖石

太湖石以产自太湖沿岸而得名，具体位置是苏州洞庭山太湖边，民间俗称"窟窿石"或"假山石"，是水中出产的石头。太湖石实际就是带有很多孔洞的石灰岩，最能体现观赏石的"瘦、皱、漏、透"的奇美特色。在远古时期，海洋沉积形成了大量石灰岩。当这些石灰岩被地壳运动带到地表并浸泡在水中，受到水波的冲击以及水中碳酸的溶蚀，会在岩石表面形成小坑，在小坑里波浪会形成小的涡流，进一步使得小坑加深，最后形成洞穴，一件精雕细琢的太湖石"作品"就完成了，而这个过程往往以"亿年"来计。

líng bì shí
灵璧石

灵璧石又称为八音石，集"质、色、形、纹、声"五者于一身，在中国石文化中占有重要地位。这种奇石形态多变，有的酷似仙山名岳，有的形同珍禽异兽；在岩石上还有各种纹理，与造型相得益彰。更为奇特的是灵璧石敲击声悦耳，故也是中国古代制作乐器的重要选材之一。灵璧石的形成可以追溯到9亿年前，那时海洋沉积的碳酸岩受到造山运动的影响发生变质作用，形成质地坚硬、具有黑色泥晶结构的岩石。之后又伴随着构造运动，岩石表面形成劈理和张节理，白色的方解石填充，出现纵横交错的纹路，这种观赏石才形成。

126

雨花石

雨花石享誉海内外，是南京的特色与代表。雨花石的形成过程经历了亿万年的风雨，最吸引人的是表面光滑、颜色鲜艳并带有同心纹层的玛瑙质雨花石。它们形成于恐龙时代喷出的岩浆中，各种染色的化学离子使其五光十色，美不胜收。到了1200万年前，这些玛瑙被古长江流水搬运、磨蚀，在南京雨花台地区沉积下来形成厚厚的砾石层。除了玛瑙外，蛋白石、玉髓、碧玉岩、燧石、石英岩，甚至是无脊椎动物的化石都是形成雨花石的岩石类型。

菊花石

在灰色的石板上，几朵洁白的"花"分布其上，有些还呈现出立体的形态，好似一只只振翅的蝴蝶翩翩起舞，这就是大名鼎鼎的菊花石。它产自湖南浏阳河畔的碳酸盐岩质沉积岩中，已有2.7亿万年的历史。起初是天青石晶体呈放射状生长，天青石晶体单体呈现细长的菱形柱状，酷似菊花的花瓣。后来天青石被碳酸盐岩和硅质物质所置换，才使得"菊花"的花瓣变白。1915年，在巴拿马万国博览会上，浏阳菊花石制作的"映雪"花瓶一举摘得了博览会金质奖章。

扫码获取
更多精彩资源

钟乳石

在神秘莫测的溶洞中，从洞顶垂下的钟乳石配上彩色的灯光，使得整个洞穴显得流光溢彩。钟乳石的形成是岁月的积淀，它不仅证实了滴水会穿石，也证实了滴水会成石。从洞顶会不断向下滴水，这种水可不是纯净水，而是石灰岩溶液。石灰岩溶液吸收了空气中的二氧化碳气体形成碳酸钙沉淀。这样日积月累，从洞顶就沉淀出了一根根钟乳石。在每个钟乳石正对应的地面上沉淀出了一根根石笋。最后石笋和钟乳石相连接，就形成了石柱。

shí gāo
石膏

石膏通常为白色或者无色，石膏的硬度只有2，非常柔软，它也是矿物硬度计上的标准硬度矿物之一。石膏在工业上用途广泛。它是重要的建筑材料，很多室内的墙板就是石膏板。此外，如果将石膏加入水泥，可以明显改善水泥的强度，减少水泥因凝固而收缩的幅度。在农业上，石膏也大有用武之地，它可以作为肥料提高土

石膏板

壤中钙元素和硫元素的含量，促进有机质分解，改良盐碱性土壤。我们经常吃的豆腐也有很多是用石膏点入豆浆制成的。

huá shí
滑石

滑石有很多别称，比如液石、脱石、冷石等，是一种常见的硅酸盐矿物，它非常软并且具有滑腻的手感，是矿物硬度表上最软的矿物。

滑石是一种重要的陶瓷原料，用于制造陶瓷，起到降温、平滑的作用。

药用滑石别名液石，有利尿通便、清解暑热之功效，我们常用的痱子粉中也含有滑石的成分。

痱子粉

137

guī zǎo tǔ
硅藻土

硅藻土是一种硅藻遗体的沉积物。硅藻土的物质组成是硅藻，矿物成分是蛋白石。硅藻中含有一种独特的硅的氧化物。硅藻土有很强的化学稳定性，并且密度低、吸附能力强。硅藻土适用于很多领域，应用最多的是过滤剂，也可以用作建筑装饰材料，来吸附消除有害气体。

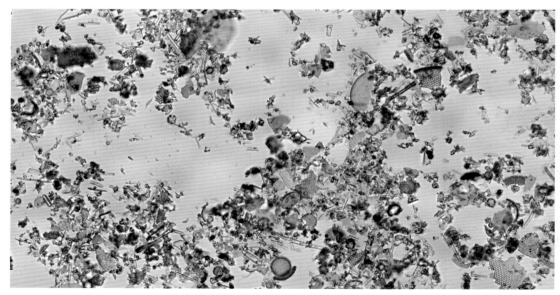

在光学显微镜的明亮光照下观察到的硅藻土

石燕

shí yàn

石燕是常见的腕足动物化石，它两片壳的两侧延伸比较狭长，有点儿像燕子张开的翅膀，所以叫作石燕，意思是像燕子一样的石头。这类生物在4.5亿年到2.5亿年前的远古海洋生活，它的软组织很难成为化石，所以我们只能看到两个硬壳经过几亿年的地质作用后形成的化石保存下来。壳上的花纹往往呈放射状，在放射纹饰的中心就是两个壳的铰合关节，也是这个地方长出肉茎帮助石燕固着或行动。可见，石燕就是远古时代在海底"栖息"的燕子啦。

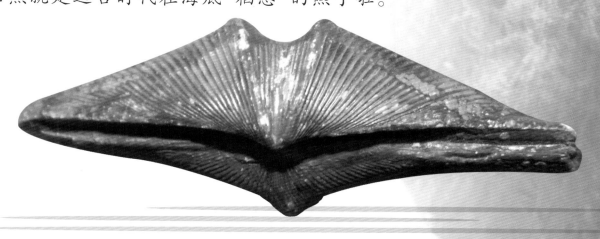

141

菊石
jú shí

菊石是生活在距今 4 亿年到 0.6 亿年前的海生软体动物,它们与现生的鹦鹉螺和章鱼等是近亲,都是头和很多触须长在一起,靠着触须辅助行动、捕食和防御,因此得名头足类。与章鱼等不同的是,菊石和鹦鹉螺的外壳没有退化,仍然是它们软体居住的小房子。这间小房子十分漂亮,从中心向外螺旋状逐渐变大,这也是代表着菊石和鹦鹉螺长大的过程。每一轮生长都留下了缝合线状的结构,鹦鹉螺的缝合线比菊石的简单很多,而进化程度越高的菊石缝合线也就越复杂。但是菊石却因为高度退化而灭绝了,相对原始的鹦鹉螺存活了下来,成为唯一具有外壳的头足类活化石。

143

叠层石
dié céng shí

叠层石20亿年前开始出现，它是蓝藻生命活动中的分泌物将海水中的钙、镁、碳酸盐及其碎屑颗粒黏结、沉淀而形成的一种化石。随着季节、年份的变化，叠层石生长沉淀的快慢，形成深浅相间的复杂色层构造。叠层石的构造，有纹层状、球状、半球状、圆柱状、锥状及树枝状等。在寒武纪生命大爆发之前，寂静的地球上留下的生命痕迹主要就是以叠层石为主。

shān hú
珊 瑚

从4亿多年前开始直到今天,海洋中都有珊瑚的身影。通常我们把珊瑚的软体部分叫作珊瑚虫,这些小家伙一般有一个固着的底盘、一个柱体和触手盘。它们会分泌外骨骼固着在海底或者其他个体上,这些外骨骼就是珊瑚体。有的珊瑚外骨骼是独立的,叫作单体珊瑚。而很多珊瑚的外骨骼都是相互连接的,叫作群体珊瑚,更多的群体珊瑚连接或者堆积到一起就形成了珊瑚礁,乃至珊瑚岛。珊瑚的外骨骼和结构可以在化石中得到很好的保存,为我们展示珊瑚的形态以及当时的环境。

珊瑚的化石

guī huà mù
硅化木

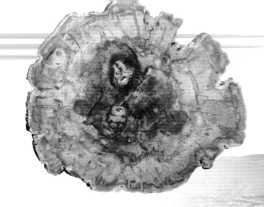

硅化木是木化石的一种，是几百万年或更早以前的树木被迅速埋葬地下后，由于处于缺水的干旱环境，在漫长的石化过程中，其中的碳元素逐渐被硅元素所取代而形成的。虽然其化学成分发生了改变，但是树木的原始形态、木质结构、纹理及构造特点都被保留了下来。此外由于水环境中的碳酸钙、硫化铁以及其他微量元素渗入，使得很多硅化木形成五彩斑斓的色泽。硅化木不仅美观，可做艺术用途，同时由于其内部结构保存了下来，也可以作为研究当时大型植物的资料。

笔石

笔石动物是一类已经灭绝了的海生群体动物。它们活着的时候笔石虫体会分泌一种类似我们人类骨胶原蛋白的物质，构成了它们的骨骼。这种骨骼最早呈长锥形或者圆筒形，当这些骨骼连接到一起，就形成了笔石枝，也就是我们常看到的笔石化石的样子。

笔石只生存于5亿年到3.5亿年前的海洋中，推测大部分是底栖固着生活，少部分浮游，一般认为笔石和我们人类所属的脊椎动物的起源有着很重要的关系。

箭石
jiàn shí

箭石是生活在中生代的一类头足类,因为其形似箭头而得名。现生的头足类代表乌贼就是箭石的近亲。我们吃过乌贼的都知道,乌贼也有个类似梭子的内鞘,还可以用来磨成粉末制药,中药名叫作"海螵蛸",其实可以简单地理解为箭石就是当时的海螵蛸成了化石。箭石分布十分广泛,除用于确定地层时代外,还可测定水温,为确定古气候及大陆漂移提供资料。

hǎi bǎi hé
海百合

海百合最早出现在5.4亿年前，并生存至今，它看上去有些像蕨类的叶子，又有些像绽开的百合花，因此得名海百合，但事实上它是一种海生动物。海百合依靠一个像植物茎一样的柱固着在海底或者其他生物上，靠触须过滤获取水中的食物。化石海百合腕和柱只留下了其石灰质的外壳，一簇簇的生物体就像嵌在石灰岩床中的花丛。

印第安纳石炭纪海百合化石

一块有许多海百合柱（茎）的岩石

tíng
蜓

蜓生活在 3.5 亿年到 2.5 亿年前的地质时期。因为其外形保存为纺锤形，所以俗称为"纺锤虫"。而蜓的这个名字，是我国著名地质学家李四光先生专门造字而命名的，左半边的"虫"字旁意为其属于无脊椎动物，右半边的"筳"是纺纱用的纺锤，也是用来形容其形状的。

也有一部分蜓是透镜状或球状的，其大小一般为一厘米至几厘米不等。作为单细胞的原生动物，为什么蜓可以大到我们肉眼可见呢？这是因为其实我们看到的蜓的化石并不是它的虫体，而是它居住过的房子。蜓最开始生活在一间非常小的初房内，然后它开始慢慢分泌钙质等围绕着它的初房一间一间不断建房子，也一次次地搬家，最后所有的这些小房子连在一起，经过自然界的作用，形成了纺锤状的蜓的化石。

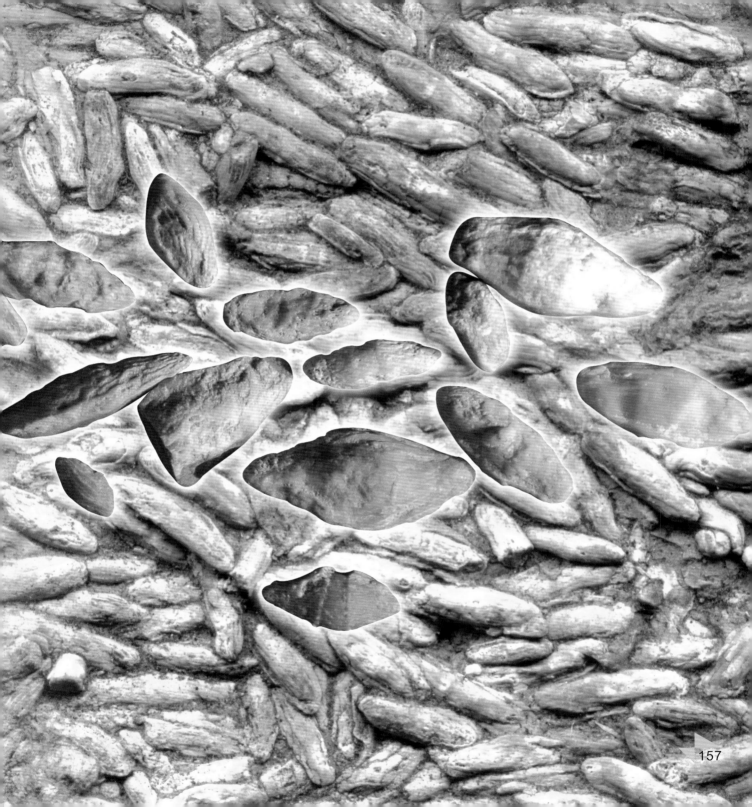

石器

石器，是原始社会时期人类以岩石为原料制作的工具，是人类最初的主要生产工具，盛行于二三百万年前的人类社会。最初人类是把一块石头加以敲击或撞击使之断裂破损形成刃口，这就是旧石器时代的打制石器。到了之后的新石器时代，人类把打制石器的刃部或者整个表面放在其他砺石上加水和沙子磨光，这就是磨制石器。新石器时代之后，又有了进一步的石器切割、雕刻、钻孔等技术，都是利用坚硬木

棒、竹管或其他石头在原有的石器上继续操作加工，从而出现了早期人类的各种工具的雏形，这些虽然看上去还是石头，但已经有我们人类祖先智慧的体现啦！

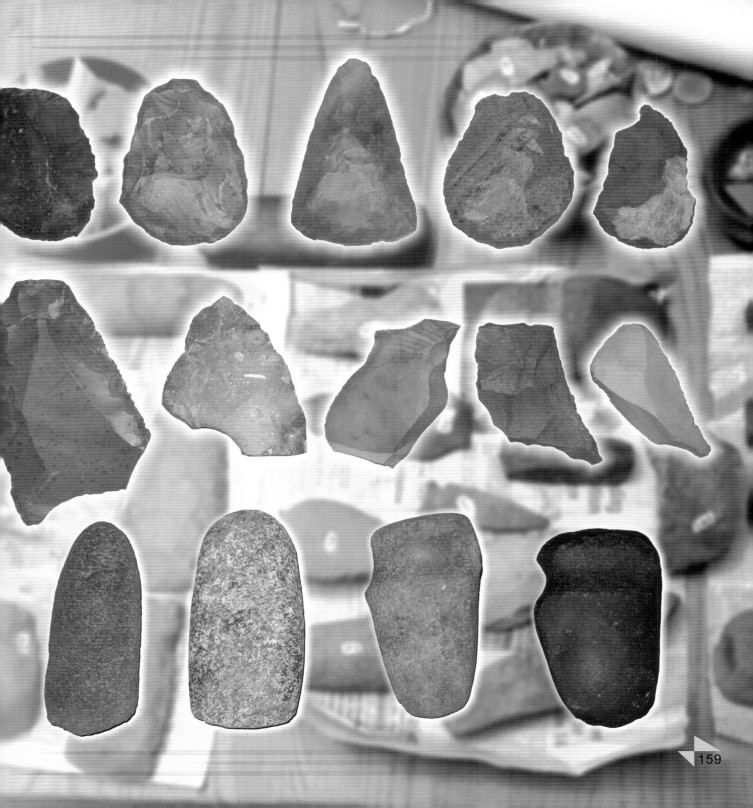

wǒ de dì yī běn shí tou zhī shi dà quán

我的第一本 石头 知识大全

扫码开启你的探索之旅

同步音频 全书配套音频讲读，帮助阅读

地球探秘 益智科普，学习更多地理知识

知识拓展 延展有趣内容，丰富阅读

还有【学习工具】【读书笔记】【科学测评】等你来体验

微信扫码，获取本书线上资源